왜 토해요?

삐뽀 삐뽀
우리 몸

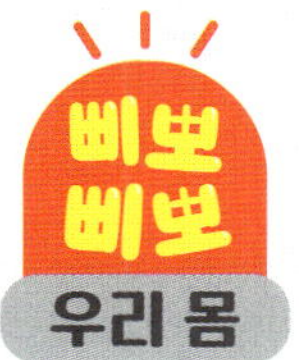

왜 토해요?

에밀리 듀프레인 글
이계순 옮김
서영균 감수

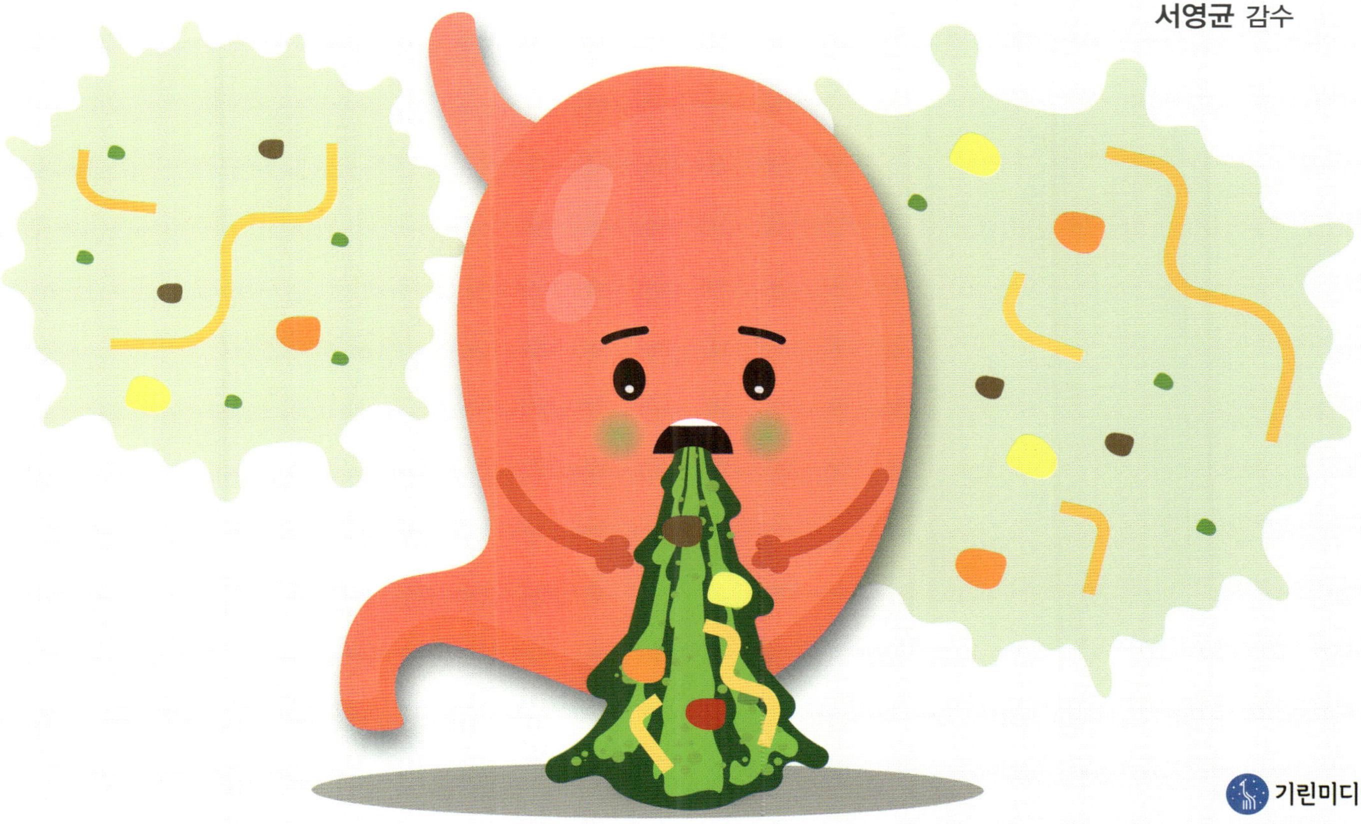

기린미디어

차례

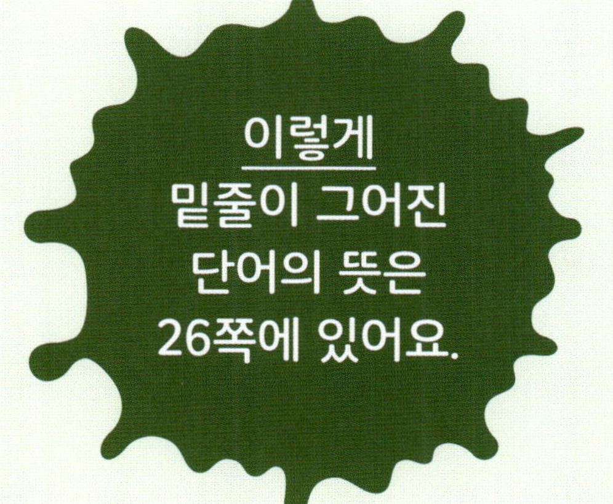

속이 메스꺼운가요?

이따금 배 속이 울렁울렁할 때가
있어요. 그러고 나면 안에서
뭔가가 올라오는 게 느껴지고…

그런데 이런 일이 왜, 어떻게 일어나는 걸까요? 토하는 이유는 아주 많아요.
예를 들어, 아래와 같은 경우에 토하게 되지요.

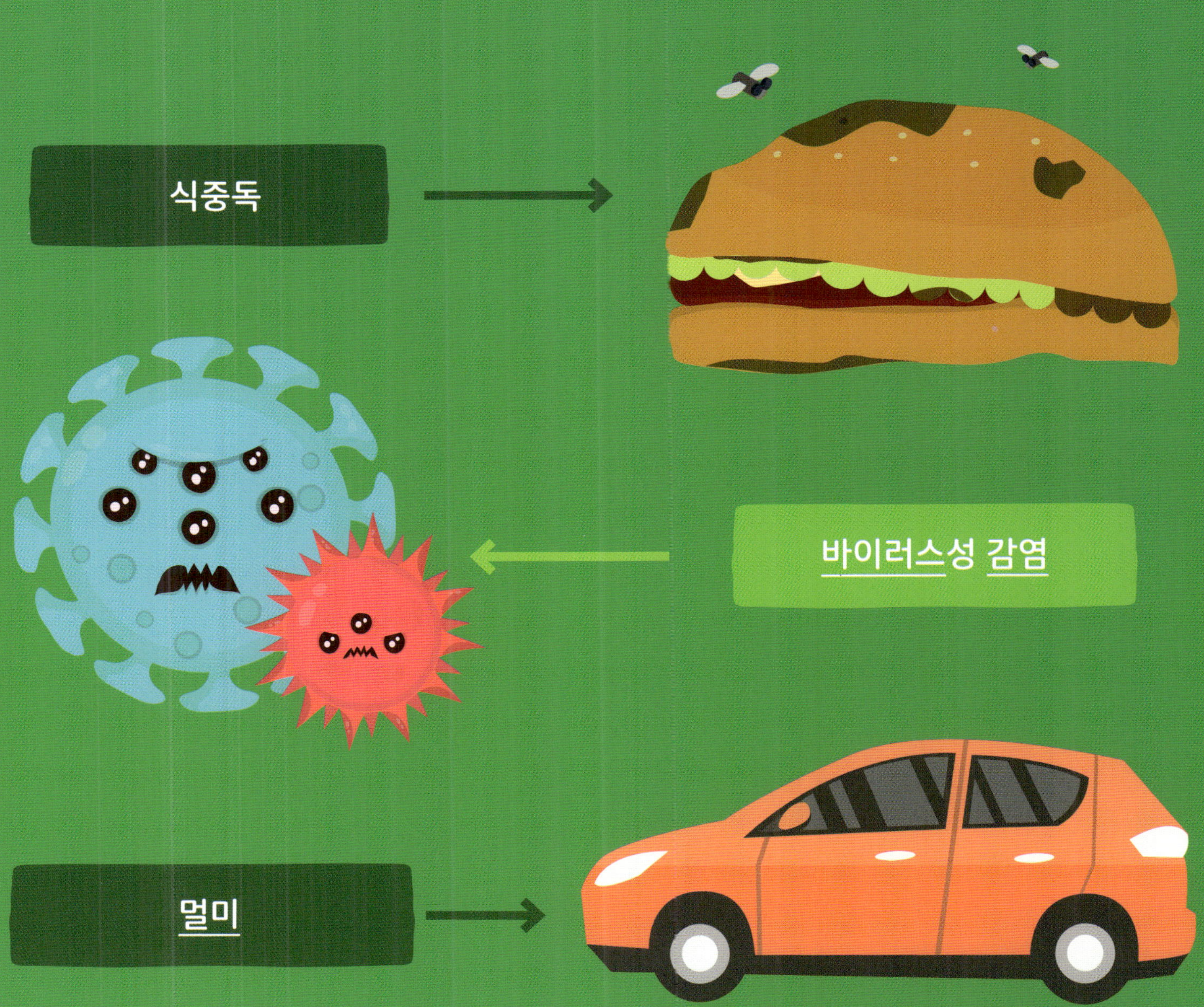

우웩! 구역질

진짜로 토하기 전에 구역질이 날 수 있어요. 구역질은 위나 작은창자의 근육이 계속 오그라들었다가 풀어졌다가 하면서 생기는 거예요.

아프지도 않은데 구역질이 나는 경우도 있어요. 더러운 것을 보거나 매우
나쁜 냄새를 맡을 때 구역질이 날 수 있지요.

거꾸로 올라오는 음식물

소화 기관은 음식물을 몸 아래로 내려보내면서 잘게 쪼갠 다음 필요한 영양소를 빨아들여요. 하지만 토하면 이 모든 게 뒤죽박죽이 되지요.

2단계:
위로 올라온
음식물이 다시
식도로 올라가요.
1단계:
작은창자의
맨 윗부분인 샘창자에
있던 음식물이
다시 위 속으로
올라가요.

식중독을 조심해!

나쁜 세균 때문에 상한 음식을 먹으면 식중독에 걸릴 수 있어요.

식중독에 걸리면 체온이 오르면서 토하고 설사를 해요. 이렇게 해서 세균을 죽이거나 몸 밖으로 내보내는 거예요.

바이러스

장염 같은 바이러스성 감염병은 다른 사람에게 아주 잘 옮아요. 병에 걸리면 아주 많이 토하고요!

병에 걸려 왈칵 토할 때 병을 잘 옮기는 아주 작은 알갱이들이 멀리 그리고 넓게 퍼져요. 과학자들은 이런 알갱이들이 얼마나 멀리 퍼지는지 보여 주기 위해서 '토하는 로봇 래리'를 만들었어요.

인터넷에서 '토하는 로봇 래리' 동영상을 볼 수 있어요.
https://youtu.be/sLDSNvQjXe8

래리가
액체 1리터를
토한 면적은
거의 8제곱미터나
됐어요!

멀미가 나요

자동차나 기차를 타거나 롤러코스터를 탈 때, 구역질이 난 적이 있을 거예요. 진짜로 토했을 수도 있고요. 이건 다 멀미가 나서 그런 거예요!

눈으로 보는 것과 몸이 느끼는 것이 다르면 뇌는 무척 헷갈려 해요. 이러면 우웩! 토하고 싶어지죠. 이런 증상을 멀미라고 해요.

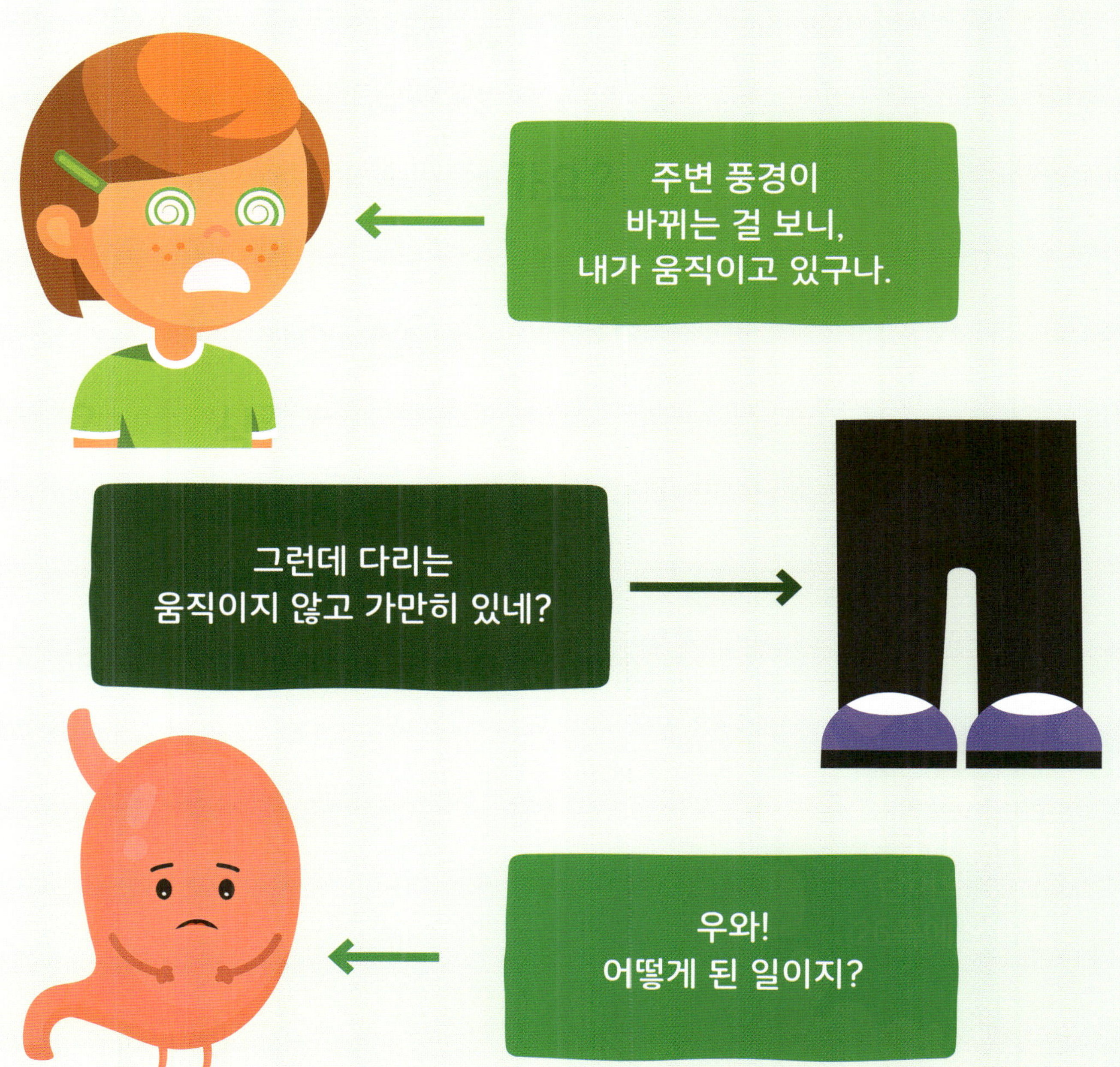

목구멍과 콧구멍이 매워요

토할 때 음식물이 주로 입으로 나오지만, 코로도 나올 수 있어요. 식도가 입과 코, 둘 다로 연결되어 있기 때문이에요.

토할 때는 위에 있는 게 전부 나와요. 그래서 음식을 <u>분해</u>할 때 쓰는 위산도 같이 나오지요.

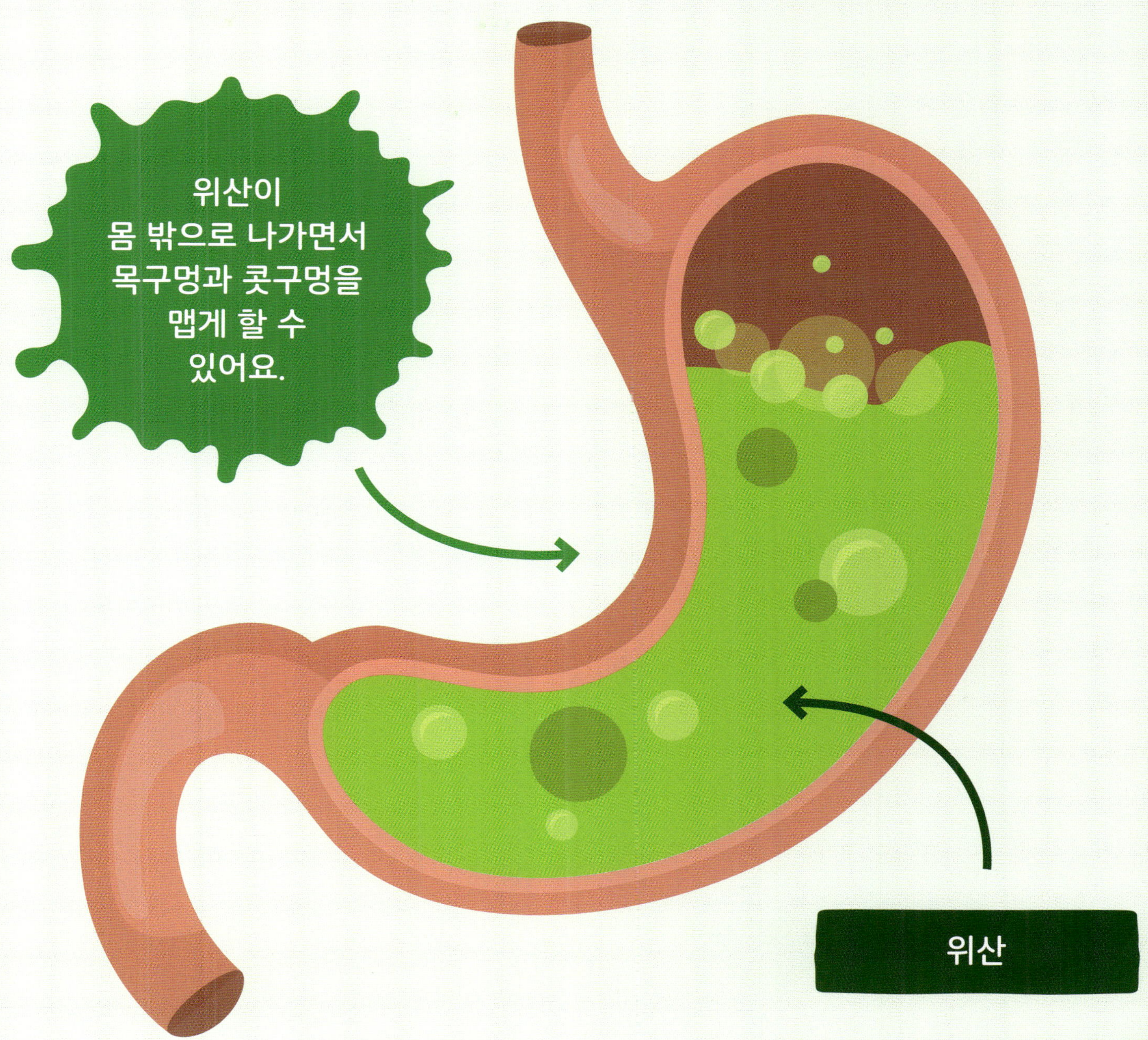

알록달록한 덩어리

무엇을 먹고 마셨는지 그리고 음식이
얼마나 소화되었는지에 따라
토해 내는 것이 달라져요.

음식을 먹자마자
토하면, 토해 낸 것에서
그 음식의 덩어리를
볼 수 있을 거예요.

빨간 막대 사탕을 오독오독
깨물어 먹고 나서 바로 토하면,
토해 낸 것 속에 빨간 막대 사탕
조각들이 있을 거예요!

아무것도
안 먹었다면, 씁쓰름한
노란색 액체를 토할지도
몰라요. 이 액체는
쓸개즙이에요.

세상에, 이럴 수가!

파르메산 치즈에서 나는 냄새는
토한 것들과 아주 비슷해요.
둘 다 같은 종류의 산을
포함하고 있거든요.

으윽!

달에도 토해 낸 것들이 있어요.
몇몇 우주 비행사들이 토한 봉지를
달에 두고 왔기 때문이에요.

개들은 토한 다음에
자기가 토한 것을 다시 먹기도 해요.
냄새를 아주 잘 맡기 때문에
토한 것에서도 맛있는 음식 조각들을
찾아내거든요.

토하는 것을 무서워하는
사람도 있어요. 다른 사람이
토하는 것도 못 보고요.
이런 사람에겐 구토 공포증이
있다고 해요.

깜짝 퀴즈

아래의 음식을 먹고서 토했어요. 어떤 걸 토했을지 오른쪽에서 적절한 그림을 찾아 연결해 보세요.

[정답] ㄱ-2 ㄴ-3 ㄷ-4 ㄹ-1

무슨 뜻일까요?

감염
7, 14쪽

병을 일으키는 바이러스, 세균, 진균, 기생충 같은 병원체가 몸속에 들어가 퍼지는 거예요. 바이러스성 감염은 바이러스가 몸에 들어와서 병이 생기는 거예요.

근육
8쪽

살과 힘줄을 말해요. 근육이 오므라들고 늘어나면서 우리가 움직일 수 있는 거예요.

멀미
7, 16, 17쪽

차나 배 등을 타고 이동할 때 흔들림 때문에 메스껍고 어지러움을 느끼는 거예요.

바이러스
7, 14쪽

동물이나 식물 등의 생물에 붙어살면서 그 생물을 병들게 하는 아주 작은 입자예요. 세균보다 작아요.

분해
19쪽

어떤 물질을 보다 간단한 두 개 이상의 물질로 나누는 것을 말해요.

소화 기관
10쪽

음식의 영양분을 우리 몸이 빨아들일 수 있도록 음식을 잘게 쪼개고 영양분을 빨아들이는 일을 하는 몸속 기관들이에요.

세균
12, 13쪽

다른 동물이나 식물에 붙어살면서 병을 일으키거나 발효 작용 등을 하는 작은 생물이에요. 박테리아라고도 해요.

쓸개즙
21쪽

지방의 소화를 돕는 액체예요. 간에서 만들어져서 쓸개에 모아 두었다가 샘창자로 가요.

영양소
10쪽

우리가 성장하고 건강하게 지내는 데 필요한 힘을 주는 물질이에요.

액체
15, 21쪽

물처럼 모양이 없고 흘러 움직이는 물질의 상태를 말해요.

제곱미터
15쪽

1제곱미터는 한 변의 길이가 1미터인 정사각형의 넓이예요.

체온
13쪽

우리 몸의 온도예요. 온도란 차갑고 뜨거운 정도를 숫자로 나타낸 거예요.

삐뽀삐뽀 우리 몸

왜 토해요?

초판 1쇄 발행 2021년 5월 25일 | 초판 2쇄 발행 2022년 6월 22일
글쓴이 에밀리 듀프레인 | 옮긴이 이계순 | 감수 서영균
펴낸이 홍성우 | 책임 편집 이정은 | 디자인 박두레
펴낸곳 기린미디어 | 등록 2016년 4월 26일 제 409-2016-000009호
주소 경기도 김포시 모담공원로 17
전화 0505-302-2381 | 팩스 0505-300-2381 | 전자우편 girinmedia@daum.net

ISBN 979-11-91142-14-3 74470
       979-11-91142-11-2 (세트)

글쓴이 에밀리 듀프레인
캐나다에서 작가이자 시인으로 활동하고 있습니다. <일 년 내내> 시리즈와 <환경 문제> 시리즈를 비롯한 수십 권의 어린이 교양 도서를 썼습니다.

옮긴이 이계순
서울대학교를 졸업했고, 인문사회부터 과학에 이르기까지 폭넓은 분야에 관심을 갖고 공부하는 것을 좋아합니다. 좋은 어린이·청소년 책을 우리말로 옮기는 일에 힘쓰고 있습니다. 옮긴 책으로 《캣보이》, 《1분 1시간 1일 나와 승리 사이》, 《말똥말똥 잠이 안 와》, 《지키지 말아야 할 비밀》, <공룡 나라 친구들 시리즈(전11권)> 등이 있습니다.

감수 서영균
서울대학교 의과대학을 졸업한 의학박사, 가정의학과 전문의입니다. KBS <생로병사의 비밀>, 채널A <나는 몸신이다> 등 다수의 프로그램에 출연했습니다. 현재 한림대학교 성심병원 가정의학과 교수입니다.